新时代的地标

**New Era Landmark
Beijing's new architectural
picture library**

北京新建筑图片库

马日杰 著

中国建筑工业出版社

图书在版编目（CIP）数据

新时代的地标北京新建筑图片库／马日杰著.

北京：中国建筑工业出版社，2013.4

ISBN 978-7-112-15290-2

Ⅰ.①新… Ⅱ.①马… Ⅲ.①建筑物－北京市－图集

Ⅳ.①TU-881.2

中国版本图书馆CIP数据核字(2013)第077721号

责任编辑：王　鹏　郑淮兵

责任设计：陈　旭

责任校对：张　颖　党　蕾

新时代的地标
北京新建筑图片库

马日杰　著

＊

中国建筑工业出版社出版、发行（北京西郊百万庄）

各地新华书店、建筑书店经销

北京美光设计制版有限公司制版

北京方嘉彩色印刷有限责任公司印刷

＊

开本：889×1194毫米　1/20　印张：6 4/5　字数：200千字

2014年1月第一版　2014年1月第一次印刷

定价：68.00元（含光盘）

ISBN 978-7-112-15290-2

（23287）

　　建国以来，北京城市的形象建筑沧桑变更，飞速追赶着西方现代建筑走过的百年历程，取得了骄人的成就。环顾当代特色性现代建筑更是不胜枚举。它们既是一座座北京建筑史上的里程碑，更是时代变迁的历史见证。不论白天还是夜晚，这些建筑给我们展示着这个古老城市年轻跃动的脉搏，既显大气非凡，又具时尚魅力。

　　本书选取了其中的12座建筑，以1121张图片的形式展现这些建筑内外的主要功能性设施和布局，并在随书光盘中利用多媒体技术为您提供更直观的认识和了解。有研究和教学需要时，您还可以将光盘中的图片拷贝使用。

序 / Foreword ···

　　这是一本建筑摄影集，作者马日杰（以下简称老马）和我是1963年同年进入清华大学，又同在土木建筑系，只是专业不同的同学。后来他说原本也选修了建筑学，但因为加试美术没有通过而错过了机会。固然如今再去考证当年通不通过的标准并无意义，唯独这本影集可以见证，没让老马学习建筑学是一件多么可惜的事。因为通过这些作品的光影、色彩、构图等所体现出来的他对建筑（尤其是对现代建筑）语言的诠释，对建筑师艺术追求的理解，以及他自己的审美情趣等等，都表明他具备那些优秀建筑师才有的基本素质和眼光。

　　现在老马几乎把全部的精力和时间都奉献给了摄影。国内凡是可以拍到好照片的地方，他想方设法都要去。近的北京及周边不用说了，远的如云南的元阳，福建的霞浦等等都留下过他身背相机的足迹。飞鸿踏雪亦留痕，他自己则收获了数以万计的精美的摄影作品，建筑摄影是其中很重要的一部分。

　　据我的印象，老马成为摄影"发烧友"的时间并不很长，好像是数码相机流行以后的事。最初他凭着很强的计算机功底，开始用电脑把照片处理出各种效果而且乐此不疲。光处理自己的还不够，把别人的照片也拿来帮着做，还主动传授使用电脑软件的方法。对于当代摄影爱好者来说，用电脑处理照片无疑也是必要的基本功，如同过去的暗房技术一样，而老马的摄影天赋在这个数码时代得到了全面的发挥。

老马是一位执著的完美主义者，他对作品的完美程度近乎苛求.他特别喜欢拍摄北京的建筑和公园，就是因为可以有条件对它们进行反复拍摄，从而发现最好的角度和构图，尤其可以有更多的机会捕捉到那些对摄影特别重要却又稍纵即逝的天光云影，从而得到最理想的画面效果。本图集中的鸟巢等建筑也是这样，他永远不满足于平凡地表现建筑的一般影像，而是要通过独特的光色环境表现出每座建筑独特的神采。

　　随着摄影的普及，照相机已是建筑师不可或缺的辅助设计的工具。而好的摄影作品能够帮助建筑师表达他的设计理念和所期待的效果；也反映他的艺术修养和品位。摄影除去技术的因素之外实质上就是对所摄对象的解读和欣赏。一个建筑师首先要能理解和欣赏，才能更好地进行创作。60年前，清华建筑系只有梁思成先生有一台普通的徕卡相机；而今天，几乎每个学生的装备都很好。有了这样好的基础条件，无疑会涌现出大量优秀的作品，而若要得到更多如本集这样的精品，就还需要老马这样的执著和勤奋。

　　不言而喻，这些作品也客观地反映了我们国家改革开放以来，北京所取得的建设成就和城市最新最美的一面。

金柏苓

目录 / Contents ··

国家体育场（鸟巢）
National Stadium (Bird's nest)

　　国家体育场位于北京奥林匹克公园中心区南部，形态如同孕育生命的"巢"，故又称"鸟巢"，是第29届奥林匹克运动会的主体育场。工程总占地面积21hm^2，建筑面积25.8hm^2。"鸟巢"采用了当今先进的建筑科技，全部工程共有二三十项国际领先技术，其中，钢结构是世界上独一无二的。场内观众坐席约为91000个，其中临时坐席约11000个，是北京市民广泛参与体育活动及享受体育娱乐的大型专业场所，并成为具有地标性的体育建筑和奥运遗产。

图1 鸟巢
图2 从仰山远眺鸟巢

图3 鸟巢
图4 鸟巢内部

图5 鸟巢内部
图6 鸟巢内部
图7 鸟巢内部

8

图8 鸟巢
图9 鸟巢内部装饰

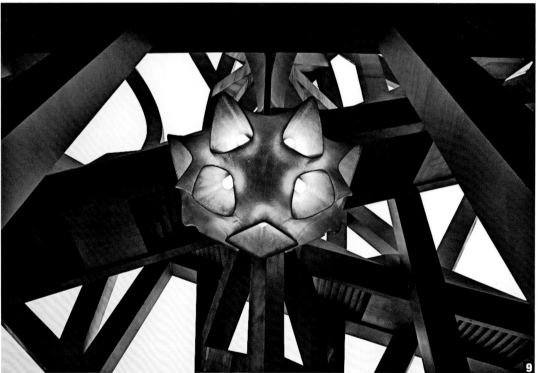

国家体育场（鸟巢）↙

10

图10 鸟巢
图11 鸟巢夜景

11

国家体育场（鸟巢）↖
National Stadium (Bird's nest)　|　015

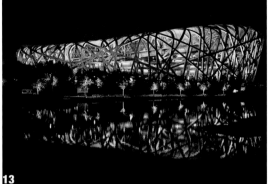

图12 鸟巢夜景　　**图14** 玲珑塔夜景
图13 鸟巢夜景　　**图15** 建设中的鸟巢

国家体育场（鸟巢）↙
National Stadium (Bird's nest) | 017

图16 钢构件地面焊接
图17 施工中的鸟巢
图18 鸟巢工地

国家大剧院
National Centre for the Performing Arts

　　国家大剧院位于北京市中心，人民大会堂的西侧，由法国建筑师保罗·安德鲁主持设计，总占地面积11.89hm^2，总建筑面积约16.5hm^2。整个大剧院由主体建筑及南北两侧的水下长廊、地下停车场、人工湖和绿地组成。

　　国家大剧院与其周围环境的对比下显得十分悬殊，整个建筑漂浮于人造水面之上，外部围护钢结构壳体呈半椭球形，前后两侧有两个类似三角形的玻璃幕墙切面。在其庞大的椭球外形内有4个主要剧场，中间为歌剧院、东侧为音乐厅、西侧为戏剧场，南门西侧是小剧场，可满足不同的演出和观看需求。整个工程2007年完工，芭蕾舞《红色娘子军》成为其竣工后的首场演出。

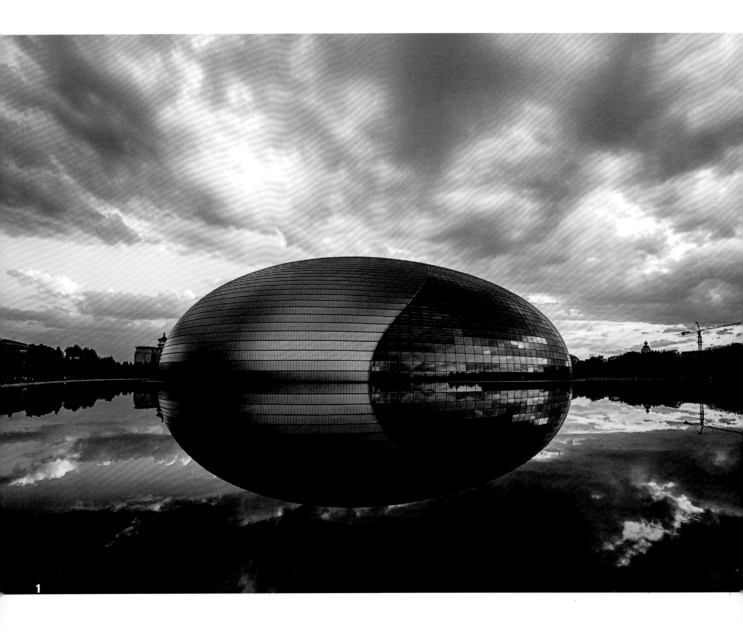

1

图1 国家大剧院

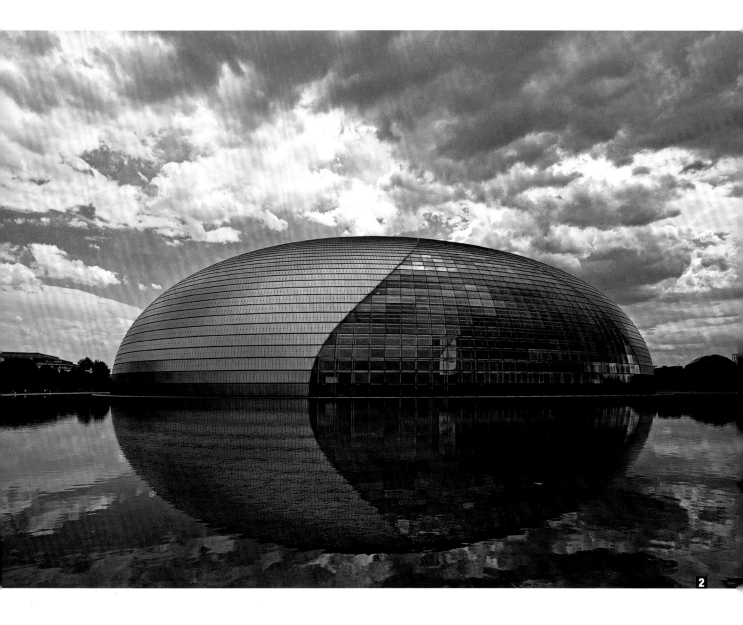

2

图2 国家大剧院

国家大剧院 ↙
National Centre for the Performing Arts | 021

图3 大剧院北入口
图4 大剧院南入口

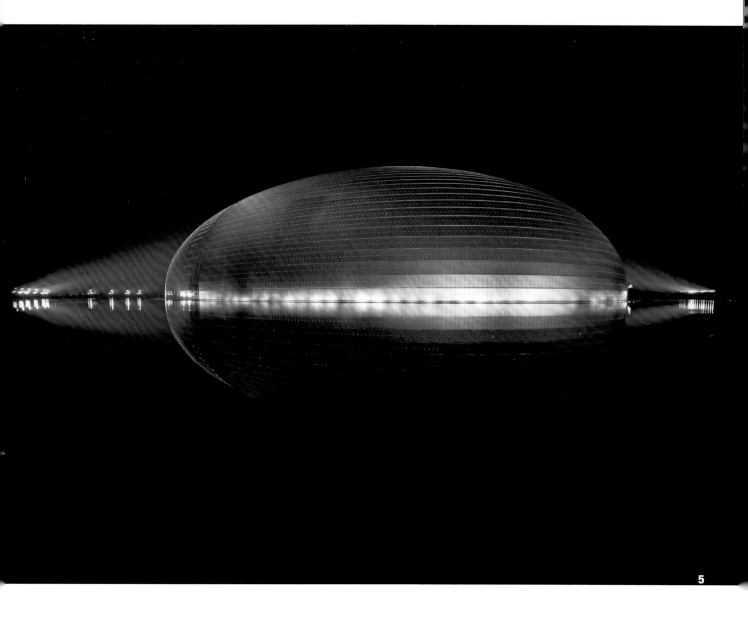

5

图5 大剧院夜景

国家大剧院 ↙
National Centre for the Performing Arts ‌ | 023

图6 大剧院夜景
图7 大剧院夜景

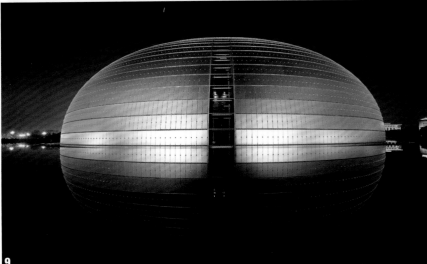

图10 一层歌剧院回廊
图11 歌剧院

图10 一层歌剧院回廊
图11 歌剧院

图12 音乐厅

图13 橄榄厅
图14 一层公共大厅

图15 北入口水下长廊
图16 一层公共大厅
图17 一层歌剧院环廊

图18 "锦绣大地"
图19 一层公共大厅
图20 渐开式玻璃幕墙

图21 一层公共大厅
图22 音乐厅二层平台
图23 音乐厅二层平台

24

图24 旋转楼梯

国家大剧院 ↙
National Centre for the Performing Arts　|　033

图25 旋转楼梯　　**图27** 自动扶梯
图26 自动扶梯　　**图28** 自动扶梯

图29 橄榄厅
图30 橄榄厅
图31 橄榄厅
图32 橄榄厅

33

图33 橄榄厅

图34 2007年12月大剧院首演夜
图35 2007年12月大剧院首演夜

36

图36 一层东侧咖啡厅

北京南站改扩建工程
Beijing South Railway Station renovation and expansion project

　　2008年正式重新开通运行的北京南站，占地面积49.92hm^2，建筑面积42hm^2。主站房建筑面积31hm^2，建筑地上两层，地下三层。从上到下依次为，高架候车厅以及配合的高架环形车道、站台轨道层、换乘大厅、地铁4号线、地铁14号线。

　　北京南站建筑形态为椭圆形，分为主站房、雨篷两部分，站房为双曲穹顶，最高点40m，檐口高度20m，主站房以天坛鸟瞰效果为基本形状，中间设有3个层次，隐喻中国皇家建筑的层次感和地位。两侧雨篷为悬索形结构，最高点31.5m，檐口高度16.5m。雨篷钢结构采用了A形塔架支撑体系、悬垂梁结构等多项施工技术。同时，在国内众多大型火车站中首次采用太阳能发电，突出了建筑绿色环保、节能理念。

图1 北京南站外景
图2 北京南站外景
图3 北京南站外景

图4 二层高架候车大厅　　**图6** 北京南站内景
图5 北京南站外景　　　　**图7** 北京南站内景

图8 北京南站内景
图9 北京南站内景
图10 一层站台轨道层

图11 二层高架候车大厅
图12 二层高架候车大厅

13

图17 建设中的北京南站
图18 建设中的北京南站地铁巷道

19

北京首都国际机场3号航站楼
Beijing Capital International Airport Terminal 3

　　首都机场3号航站楼主楼由荷兰机场顾问公司(NACO)、英国诺曼·福斯特建筑事务所负责设计，是世界最大的单体航站楼。3号航站楼(T3)由主楼和国内候机廊、国际候机廊组成，配备了自动处理和高速传输的行李系统、快捷的旅客捷运系统以及信息系统，总建筑面积98.6hm^2。作为当时北京奥运会重要配套工程之一于2008年奥运会前夕正式启用。

图1 T3航站楼二、四层
图2 T3航站楼二层

图3 T3航站楼一层
图4 T3航站楼一层
图5 T3航站楼二层
图6 T3航站楼二层

7

图7 机场快线3号航站楼站
图8 T3航站楼二层
图9 机场快线3号航站楼站

图10 T3航站楼四层

11

图12 T3航站楼四层
图13 T3航站楼四层
图14 T3航站楼四层

14

图15 T3航站楼二层
图16 机场快线3号航站楼站

国家图书馆二期工程
National Library The second stage of the project

　　国家图书馆二期工程暨国家数字图书馆工程，位于海淀区国家图书馆北侧，总建筑面积接近8hm²。其中主楼地下3层，地上5层，主要包括书库、《四库全书》存放及展示区、学术交流区、阅览区、数字图书设备及服务区。

　　新馆建筑追求文化和历史的紧密结合，充分展示了"过去、现在、未来"的设计思想。

2

图2 中国国家图书馆二期
图3 中国国家图书馆二期夜景

8

图8 国家图书馆内景
图9 国家图书馆内景

9

国家游泳中心（水立方）
National Aquatics Center (Water Cube)

　　国家游泳中心位于北京奥林匹克公园中心区南部，与国家体育场遥相辉映。国家游泳中心是世界上最大的膜结构工程，外表采用了一种称为ETFE的特殊材料，蓝色的表面材料柔软，又很结实，厚度仅同一张纸的薄膜构成了形似气枕的大型膜结构工程。它甚至可以承受一辆汽车的重量。气枕根据摆放位置的不同，外层膜上分布着密度不均的镀点，这镀点将有效地屏蔽直射入馆内的日光，起到遮光、降温作用。从远处看，整个游泳中心就像一个蓝色的水盒子，而墙面就像一团无规则的泡泡，故称"水立方"。

图1 水立方

图2 远望水立方
图3 水立方
图4 水立方

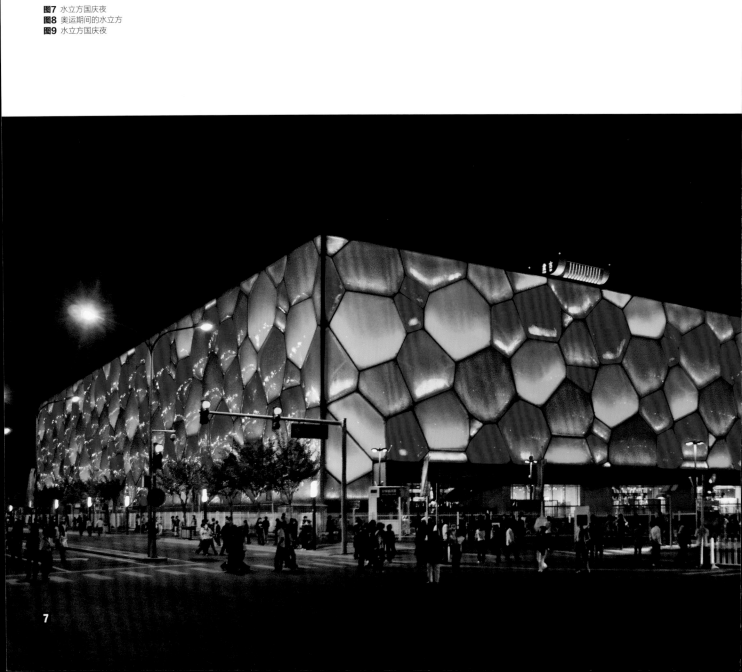

图10 后奥运时代的水立方　　**图13** 夕阳下的气枕式外墙
图11 建设中的水立方　　　　**图14** 水立方的ETFE气枕
图12 水立方内部

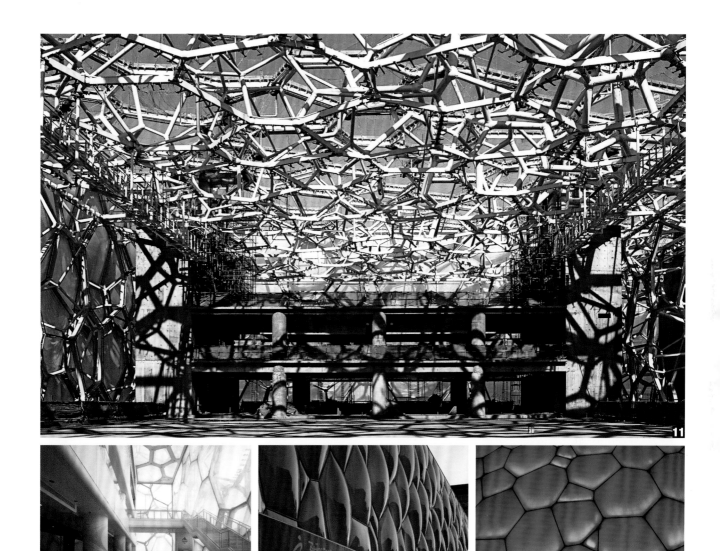

首都博物馆
Capital Museum

首都博物馆位于北京市复兴门外大街白云路口，占地面积2.48hm²，建筑面积超过6hm²，由中国建筑设计研究院和法国AREP设计公司共同设计。

整体建筑分为地下2层，地上5层，地上部分由位于西北部和南部的两个矩形框架结构的主展览楼和办公楼，以及位于东北部的椭圆斜筒结构的专题展览楼三个相对独立的结构单元组成。建筑顶部近1.5hm²的整体钢屋盖以及外檐玻璃幕墙、石材幕墙、木质幕墙和局部青铜幕墙组成的综合系统将三个结构单元有机地融合为一个矩形整体。

在设计施工时充分考虑节能环保，推广应用了24项新技术，体现了"绿色人文"的设计理念。新馆于2005年建成，次年对公众开放。

图1 首都博物馆

首都博物馆 ↙
Capital Museum | 081

2

图2 大厅内的明代景德街牌楼　　图4 中央礼仪大厅
图3 地下一层室内竹林庭院　　图5 参观的学生

图6 西区方形展馆四层
图7 地下一层室内竹林庭院
图8 西区方形展馆三层

图9 中央礼仪大厅西部
图10 椭圆形的青铜展馆

新保利大厦
New Poly Plaza

新保利大厦位于东二环东四十条桥西南侧，由世界著名建筑设计公司美国SOM公司设计，于2003年5月开工，历时三年多建成。总建筑面积约10hm^2。

新保利大厦拥有多项顶级水准的设计，包括玻璃幕墙、摩天中庭、特式吊楼及竖向遮光百叶等。并且在大厦前开辟出城市文化广场，规划绿地、水景及主题式小品，形成独具特点的景观走廊。

新时代的地标 | 北京新建筑图片库
New Era Landmark | Beijing's new architectural picture library

图1 新保利大厦

图2 新保利大厦

新保利大厦 ↙
New Poly Plaza ｜ 089

图7 大堂
图8 2006年开业
图9 一层大厅

国家体育馆
National Gymnasium

　　作为北京奥运会三大主场馆之一，国家体育馆建设工程于2005年5月正式开工，并在2007年11月底竣工验收。国家体育馆在奥运会期间主要承担竞技体操、蹦床和手球比赛项目。奥运会后，国家体育馆作为北京市一流体育设施，成为集体育竞赛、文化娱乐于一体，提供多功能服务的市民活动中心。该工程项目主要由体育馆主体建筑和一个与之紧密相邻的热身馆以及相应的室外环境组成。总占地面积6.87hm^2，总建筑面积8.09hm^2，可容纳观众1.8万人。

图1 国家体育馆

图2 设计灵感源于中国折扇
　　的国家体育馆
图3 国家体育馆
图4 国家体育馆

图5 国家体育馆　图8 国家体育馆
图6 国家体育馆　图9 国家体育馆
图7 国家体育馆

图10 国家体育馆的夜景
图11 国家体育馆前的雕塑

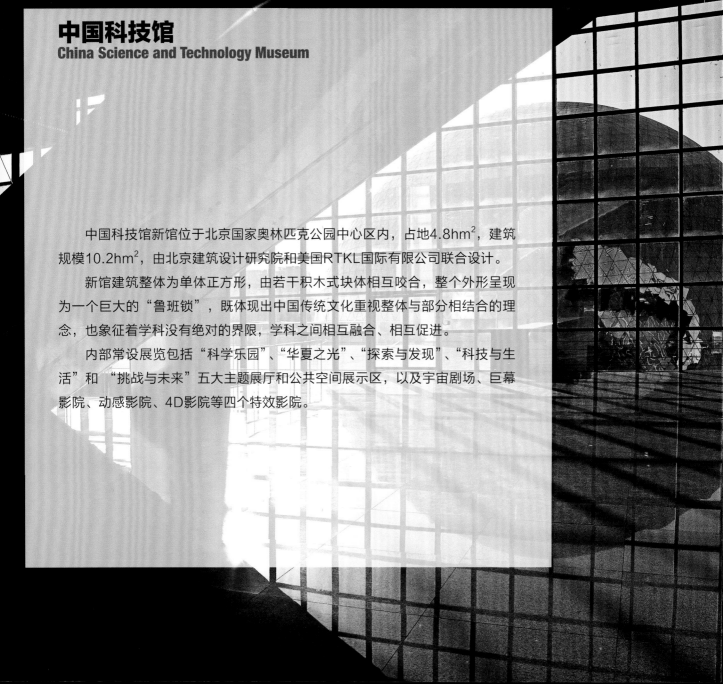

中国科技馆
China Science and Technology Museum

中国科技馆新馆位于北京国家奥林匹克公园中心区内，占地4.8hm^2，建筑规模10.2hm^2，由北京建筑设计研究院和美国RTKL国际有限公司联合设计。

新馆建筑整体为单体正方形，由若干积木式块体相互咬合，整个外形呈现为一个巨大的"鲁班锁"，既体现出中国传统文化重视整体与部分相结合的理念，也象征着学科没有绝对的界限，学科之间相互融合、相互促进。

内部常设展览包括"科学乐园"、"华夏之光"、"探索与发现"、"科技与生活"和"挑战与未来"五大主题展厅和公共空间展示区，以及宇宙剧场、巨幕影院、动感影院、4D影院等四个特效影院。

1

图1 中国科技馆新馆

2

图2 球幕影院　　图4 球幕影院
图3 巨幕影院　　图5 巨幕影院

6

7

10

11

图11 从三层俯览大厅　　**图13** 二层大厅
图12 从四层俯览大厅　　**图14** 二层大厅

中国电影博物馆
China National Film Museum

　　中国电影博物馆是目前世界上最大的国家级专业博物馆，建筑面积近3.8hm^2，是纪念中国电影诞生100周年的标志性建筑，由美国RTKL国际有限公司与北京建筑设计研究院合作设计。其建筑设计手法体现了电影艺术与建筑语言的平衡，将强烈的视觉效果升华为综合的全方位体验。

　　整体建筑采用黑色作为基础色，并使用镂空图案的金属板作为外层装饰，在这种统一、中性的黑色背景上，4个立面根据建筑的内部公共空间的位置分别开辟一片大型彩色玻璃面。红、绿、蓝、黄分别代表的展览、博览、影院、综合服务4个功能区域，显现多彩的个性。其内部设有20个展厅，介绍中国电影百年发展历程以及电影科技博览。

图1 中国电影博物馆
图2 中国电影博物馆

图3 中国电影博物馆
图4 中国电影博物馆

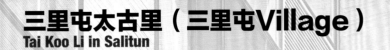

三里屯太古里（三里屯Village）
Tai Koo Li in Salitun

　　"三里屯太古里"南起工体北路，北至第二使馆区，西与雅秀服装市场比邻，东与三里屯酒吧街对望。作为北京第一个融合"开放都市"概念的试验项目，"三里屯太古里"体现了空间利用的4个特点：一是商业街区内全部采用尺度近人的建筑体量，延续传统酒吧街的空间尺度；二是大量的开放空间设计，在超过17hm^{2}的总建筑面积中，有50%都是开放式空间，以保持原有街道文化的活力；三是商业设计多元化，不仅可以容纳零售、餐饮、休闲等各类业态的店铺，而且有举办艺术表演和市民自由娱乐活动的室内外空间；四是公共空间的使用功能和店铺的外观和内部视觉都可以随经营需要不断变化，商业氛围五彩缤纷，变幻无穷。

图1 南区主通道入口

5

6

图5 三里屯Village南区
图6 南区主通道入口夜景

图**7** 南区广场
图**8** 南区广场
图**9** Adidas旗舰店-枫叶大楼
图**10** 三里屯Village南区
图**11** 三里屯Village南区

17

图18 三里屯Village苹果旗舰店　图21 三里屯Village南区
图19 南区广场　图22 三里屯Village南区
图20 三里屯Village南区

图23 三里屯Village南区　　**图26** 三里屯Village南区
图24 南区东侧面　　　　　　**图27** 南区主通道入口
图25 三里屯Village南区

28

29

30

图35 三里屯Village北区东侧
图36 瑜舍大门

36